내 아들이지만
정말 너무해!

새내기 아빠의 좌충우돌 폭풍 육아

내아들이지만
정말 너무해!

란셩지에 지음 · 남은숙 옮김

예름아카이브

자신의 아이를 알고
이해하는 아버지야말로
현명한 아버지다

_윌리엄 셰익스피어

아이와
함께한 나날들을
그리다

며칠 전 거리를 지나는데, 맞은편에서 자전거 한 대가 다가왔다. 란성지에였다. 마침 그는 아이를 유치원에 데려다주고 집으로 돌아가는 길이었다.

그는 유아용 의자와 안전띠가 달려 있는 아주 멋진 자전거를 타고 있었다. 아이를 보다 안전히 태울 수 있게 설계된 그의 자전거를 보자, 자전거에 앉아 아빠랑 재잘재잘 이야기하며 거리의 풍경을 감상하는 아이의 모습이 그려졌다.

"만화 그리는 건 잘 돼가?"

내 물음에 그는 진행 상황을 알려줬고, 나는 다시 대본을 주겠노라 대답했다. 얼마간 더 대화를 나눈 우리는 함께 사진 몇 장을 찍은 뒤 헤어졌다.

돌이켜보면, 그를 처음 알게 된 것도 그때처럼 우연과 같았다.

그가 한 유명 만화가 사무실에서 일하던 그해, 우연히 신문에서 그의 작품을 보고 매료돼 편집자에게 연락했다. 덕분에 그에게 연락을 할 수 있었고, 그 뒤로 마음이 맞은 우리는 함께 작업하기 시작했다.

그 후로 몇 년이 지난 지금도, 우리는 여전히 장편 만화의 부분 작업을 함께하고 있다. 같이 작업하는 동안 그는 참신한 아이디어와 숙련된 기교를 겸비한 신인 만화가로서 만화적 지식이 부족한 내게 많은 도움을 줬다. 그리고 나 역시 대본을 쓸 때 그가 느끼는 한계를 알고 창작의 폭을 넓히도록 열심히 도왔다.

함께 의논하고 작업한 시간이 많았던 터라 평소 그의 그림 스타일을 잘 알고 있었다. 하지만 그가 아이를 낳고 아빠로서 느끼는 육아의 기쁨과 고충을 그림으로 그리고 있을 줄은 꿈에도 몰랐다.

그의 그림과 글로 엮은 《내 아들이지만 정말 너무해!》를 보며 감탄을 금치 못했다. 철없는 어른처럼 총기 모형 장난감을 모으고, 남다른 상상력을 발휘하며 만화를 그려온 그가 그림 속에 아이를 향한 뜨거운 사랑을 담아낼 줄이야. 무엇보다 오랜 시간 함께 일해온 동료로서 그의 또 다른 면을 발견할 수 있어 기뻤다.

나는 그보다 육아를 먼저 경험한 인생 선배지만, 글로 쓰거나 사진을 찍어 딸이 자란 뒤에 함께 보며 키득대는 것이 전부였다. 하지만 그는 아들과 함께한 가장 따뜻하고 달콤한 시간을 기억하기 위해 '그림'을 선택했고, 훗날 아들과 두고두고 이야기 나눌 소중한 추억거리를 만들었다.

아이는 하루가 다르게 자란다. 아이와 함께한 소소한 일상을 글로, 사진으로, 그림으로 기록하면, 기억 저편으로 사라지지 않고 오래오래 추억할 수 있을 것이다. 그의 그림이 많은 이들의 마음을 사로잡았던 것도 바로 그가 그림에 쏟은 정성 때문이 아닐까.

각본가 핑꽝위안(冯光远)

오늘도 나는
아이의 눈으로 세상을 바라보며
아이와 함께 생활 속 풍경들을 만난다.

이 소소한 일상의 기록 속에는
아이가 주는 감동의 순간들이 머물러 있다.

| 차례 |

한시도 눈을 뗄 수 없게 하지만,
오늘도 너 덕분에 웃는다!

Part

01

우쭈쭈,
내 새끼!

목욕

오리랑 뽀뽀하고 있어봐!

까딱하다 물 먹겠네
잠시도 손을
놓을 수가 없잖아

휴지 놀이

그래, 마음껏 뽑아라
노는 것도 공부니까

한 장 한 장 뽑다가
결국엔 갈기갈기
이걸 언제 다 치운담?

울음

어이구~ 내 새끼
왜 자꾸 울어
이러다 숨넘어가겠네

왜 밤새 잠도 안 자고
빽빽 울어대는지
제발 잠 좀 자자,
아빠도 힘들어~

주사

자, 이제 주사 맞아야지

주사의 공포를
모를 때가 좋을 때다
지켜보는 아빠는
벌써부터 아픈데

낮잠

아빠 배가 침대보다 푹신푹신하지?

배 위에서 놀다 보면
어느새 새근새근
또 이렇게 꼼짝없이
얼음이 된다

점퍼루

아빠는 일 좀 할게
너도 할 일 해라

가만히 있다가도
눈만 마주치면
폴짝폴짝, 깡충깡충
내가 너 때문에 웃는다

책 보기

퉤퉤!
책은 맛없어

책을 꼭 눈으로
보라는 법 있나
알든 모르든
많이 느끼는 게 중요하지

TU

에고, 겨우 책 읽히면 뭐해
고새 TV에 빠지는데

아이 앞에서
TV를 켠 내 잘못이다

엄마

아무한테나 가면 안 돼!

그 사람은 엄마가 아니야

예쁜 여자는
다 엄마로 보이는 걸까?

잠버릇

어떻게 볼 때마다
다른 위치에서 자는 거야?

쿨쿨 자면서도
데굴데굴
침대 한 바퀴를 도는
대단한 녀석!

잡고 서기

어쭈, 이제 제법 잘 서네~

넘어지랴 다치랴
안절부절못하는
아빠 마음도 모르고
신났네, 신났어

강아지

잡아당기면 안 돼!
강아지가 아파하잖아

강아지가 온순하길
천만다행이다

아침

또 시작이다,
아빠도 늦잠 자면 안 되겠니?

벌써 울고불고 하면
아빠는 어쩌라고~
잠을 푹 자본 게
도대체 언제인지@@

발톱 깎기

이거 하나만 깎자
조금만 참아~

다치지 않게
긴장하지 말고
하나하나 조심조심!

자자~ 뚝하고,
뻥튀기 하나 먹을까?

시끄럽게 칭얼거릴 때는
뻥튀기가 특효약이지!

발가락 사탕

에이, 지지야 지지!
아빠 발가락은 사탕이 아니야

그랬더니
자기 발가락을
입에 물고 오물오물

심통

왜 또 심통이야?
젖병은 또 무슨 잘못이 있다고!

던지고 또 던지고
계속 던지고···
참자, 참자, 참자!

머리 깎기

아빠한테 꼭 안겨 있어!
그럼 하나도 안 무서워

배냇머리였는데,
조금 남겨둘 걸 그랬나?

얼굴 밟기

아야!
아빠가 아프든 말든
일단 밟고 보는 거야?

그래도 넘어지면 안 되니까
아파도 꾹 참는다

장난

너 자꾸
모르는 사람이랑 장난칠래!

넌 뭐가 그리 재밌는지
생글생글
아빠는 잡아주느라
버둥버둥

시샘

친구 손에 있으니까 갖고 싶은 거야?
평소에는 눈길도 안 줬으면서

네 눈에도 남의 떡이
더 커 보이는 거겠지

호기심

어, 어, 어!
아빠가 줄게

아들이 가까이 오면
이것저것 치우느라
손이 바빠진다

그림

아빠 따라서 그림 그리는 거야?

그림 그리는 법을
가르쳐주고 싶지만,
내가 뭐라고 한들…

사진

가만히 있어봐
사진 좀 예쁘게 찍자!

휴대폰에
아이 사진이 차고 넘치는데
하나도 지울 수 없다

카페

누나가 안아준대잖아
왜 자꾸 아빠를 찾아?

아빠도 잠깐 쉬자
모처럼 카페 왔는데
커피 좀 마시자

스위치 놀이

아들아,
부탁인데
그만 좀 하면 안 되겠니?

껐다 켰다 껐다 켰다,
재미있는 스위치 놀이
그런데
그건 내가 제일
아끼는 거라구!

틈

이리 나와!
거긴 강아지 집이야

어디 틈만 보이면
비집고 들어가는 말썽꾸러기

아빠가 되고부터
아이의 눈으로 세상을 바라보게 됐다.

Part

02

나는
육아하는 아빠

일

아빠 일하는 중이잖니

얌전히 좀 있으렴

선이 삐뚤빼뚤해지잖아

내려놓으면
울고불고 난리치는 바람에
어쩔 수 없이 강제 허그

빨래

보이지?

여기 있는 옷 전부 다 네 거야

토하고 흘리고 오줌 묻고
하루에 갈아입는 옷만
몇 벌인지...
아무리 빨아도
끝이 안 보인다

먹거리

사기 전에 물어보는 말,
"이거 유기농이에요?"

아무거나 먹일 순 없지!
내 새끼 입에
들어가는 거니까
신중히, 또 신중히!

소나기

비? 바람? 걱정 마!
아빠만 믿어

감기 걸리면 어째?
얼른 집에 가서
씻고 말려줘야겠다

계단

마음 놓고 푹 자,
나머진 다 아빠한테 맡기고

엘리베이터는 필요 없어
그 정도로 늙진 않았어

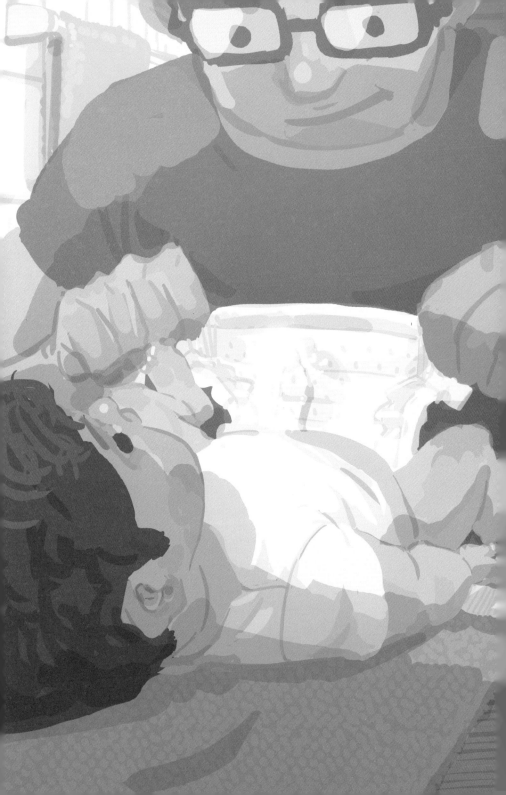

기저귀

후훗,
똑같은 수법에 또 당할 줄 알고?

기저귀를 갈다 오줌 공격!
이 정도쯤은 이제 껌이지

옷 입히기

좀 기다려봐!
고작 단추 세 개를 못 채우겠잖아

자꾸 움직일 때는
장난감 쥐여주면 딱인데!

모기

모기 요놈들,
내 새끼 근처에 오기만 해봐라!

모기에 물려도
간지럽지도 않은지
잘도 돌아다니네

로봇

어디로?
이쪽으로 갈까?

아이를 데리고 외출할 땐
늘 조종당하는 기분이 든다

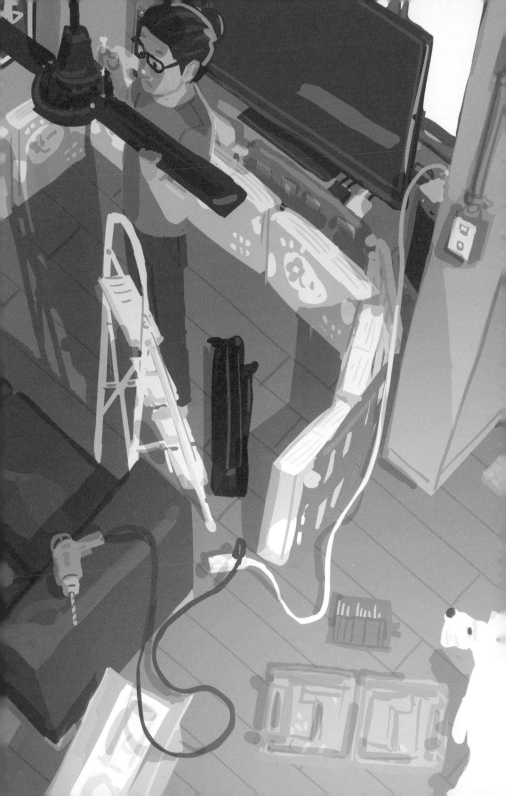

여름 준비

선풍기가 크니까
바람도 시원할 거야

널 위해서라면
이 정도쯤이야!
올여름도 무사히 넘기자

눈높이

내 머릿속에는

온통

너와 관련된 것들뿐이야

아이는
부모의 눈으로
세상을 본다

맘마

조금만 기다려,
아빠가 맛있는 맘마 만들어줄게

아침에
양파랑 고기를 먹이면
점심엔
다른 메뉴로 영양 보충
이른바
깐깐한 아빠표 식단!

횡단보도

좋겠다,
너는 유모차 안에 누워 천하태평이네

길을 건널 때마다 조마조마
이런 아빠 마음 좀 알아주라

햇빛

덥지?
잠깐 그늘 밑에서 쉬었다 가자

옛날엔 햇빛 따위
신경도 안 썼는데,
아이와 있으면 열심히
그늘만 찾아다닌다

육아 동지

친구야, 고맙다!
너도 우리 집 놀러오면 기저귀 빌려줄게

그래도 필요한 건
꼼꼼하게 싸들고 다녀야
마음이 편하다

물려받기

아빠가 헌옷 선물 많이 받아왔어

가끔
레이스 달린 옷도 입힌다
어찌나 잘 어울리는지

휴식

드디어 쉬는구나
푹 자라, 아들아

기쁨도 잠시,
다시 들려오는 울음소리
그래, 그래, 아빠가 갈게!

편지

오늘 어버이날이야

언제 커서 아빠한테 편지 써줄래?

그동안 수고한 나에게
카드 한 장 써야겠다

걸음마

가스레인지 근처엔
오면 안 돼, 위험해!

말리면 그 자리에서
또 대성통곡
걸음마 시작했다고
마냥 좋아할 일이 아니네

분유

희한하네,
산 지 얼마 됐다고
벌써 바닥이 보이는 거야?

기저귀도 마찬가지다

전화

겨우 잠들었는데
깨기라도 하면 큰일이야!

깨지 않게 소곤소곤
휴대폰은 언제나 무음으로!

목표는 육아대디 9단!
아이가 자라는 만큼 아빠도 성장한다.

Part

03

아빠도 아빠가
처음이야

이유식

한바탕 놀려면
배부르게 먹어둬야지!

한입 먹기 좋게
오늘도 으깨고 뭉갠다

인내심

아~
아이구, 잘 먹네!
한입만 더 먹자~

한참을 먹였는데도
아직 남은 밥이 한가득

동요

또 불러달라고?
벌써 열 번째야

요즘 나도 모르게 가요보다
동요를 흥얼거리게 된다

물
~

밖에 나오니 목마르지?
여기 물~

내가 목마른 줄도 모르고
아이가 마실 물
챙기기 바쁘다

영상통화

아빠야, 아빠!
알아보겠어?

집 나선 지
십 분도 안 돼서
벌써 아들이 보고 싶다니!

자식 사랑

우선 아들 밥 좀 먹이고
밥 먹을게요, 엄마

할머니는 아들에게,
아들은 그 아들에게
밥을 먹인다

장난감

새 장난감 보니 신기해?
엉금엉금 잘도 기어오네

장난감 박스를 뜯다 보니
내 장난감이 갖고 싶다

빨래 개기

저리 가!
네 도움은 필요 없어

이번엔 흘뜨리면 안 돼!

인사

아들~ 할머니한테 인사해야지

버스를 타면
항상 아이에게
말을 거는 사람이 있다
역시 내 아들은
인기남이야!

배밀이

드디어 배밀이를 하는구나!

앞으로 아빠가
바닥 더 깨끗이 닦을게

기쁨

아들 이거 봐, 이거
한정판이래!

아들 장난감 사러 왔는데
어째서 내가 더 신날까?

울타리

거긴 또 어떻게 뚫고 나왔대?

울타리가 튼튼해지는 데는
다 이유가 있다

땀이 뻘뻘

여름이라 많이 덥지?
고개 내밀지 말고
꼭꼭 숨어 있어

뙤약볕에
아이 유모차를 끄느라
땀이 뻘뻘 흐른다
말도 못하게 덥다, 더워

거울 놀이

아이고~ 이게 누구야?

누군데 이렇게 똑같이 생겼어?

거울에 비친
자기 얼굴을 볼 때마다
신나서 까르르 웃는 녀석

훈련

쭈쭈쭈, 아빠한테 와~

아니, 너 말고!

오라는 아들은 안 오고
애꿎은 강아지만 달려온다

夏至

summer

solstice

더위

이제 초여름이라고?
도대체 얼마나 더 더워야 하는 거야?

땀을 많이 흘릴수록
기저귀를 자주 갈아주거나
보송보송하게
말려줘야 한다

처음

이건 나뭇잎이야
한번 만져봐

세상 그 어떤 것도
너에겐 다 처음이겠구나

편의점

우와~

음료수가 참 많지?

나에게도
작은 것에 신기해하던
시절이 있었지

창밖

알록달록 빛이 참 예쁘네?

칭얼대다가도
차만 움직이면 말똥말똥
창밖만 뚫어져라 쳐다본다

외식

안이 답답해서 그래?

나갈까?

밥 먹다가도
소란 피울 기미만 보이면
잽싸게 안고 뛰어나간다

여행

아빠랑 재미있게 놀다 오자

내 짐이라곤
달랑
속옷 세 벌, 겉옷 한 벌
아이 짐만 한가득이다

재활용

까꿍! 아빠 여기 있다

종이 박스로 집을 만들었다
금방 망가지겠지만
또 만들어줄게!

또래 아이

아이가 참 예쁘네요~
몇 개월이에요?

길에서 마주친
또래 아이의 유모차
나도 모르게 비교하게 된다

친구

몇 년 전만 해도
우리에게 이런 날이 올 거라고
상상이나 해봤겠니?

아이들 이야기로 시작해
아이들 이야기로 끝맺는
친구와의 대화

늘
기쁨을 주는
아들에게

너와 함께한 모든 순간을 추억하기 위해 그리기 시작한 그림들이 이렇게 많은 사람의 공감을 얻게 될 줄 누가 알았겠니. 하지만 그 어떤 일보다 '그림 속에 어린 시절의 너를 담아냈다'는 것이 가장 기쁘구나. 시간이 흐르면 기억에서도 잊힐 나날들을 이렇게 그림으로 남길 수 있어서 얼마나 다행인지 몰라.

이제는 물통을 들고 이리저리 뛰어다니는 너를 보며, 새삼 시간이 참 빠르다는 것을 느껴. 2년이 채 안 되는 짧은 시간이었지만, 혼자서 아무것도 못하던 네가 부단한 노력 끝에 몸을 뒤집고, 내 뒤를 졸졸 쫓아 걷고, 스스로 밥을 먹는 모든 일들이 너무도 대견하면서도 아쉽구나. 조금만 천천히 크면 좋을 텐데…. 네가 클수록 마음 졸이는 일도 걱정거리도 많아지겠지만, 그 또한 기대가 되네.

아빠는 네가 자라온 시간들을 담아내며 매일을 행복하게 살아왔단다. 훗날 이 책을 보게 될 날이 온다면, 아빠가 너를 얼마나 많이 사랑했는지를 알게 될 거야.

그날을 기다리며.

너와 함께여서
늘 행복한 아빠가

새내기 아빠의 좌충우돌 폭풍 육아

내 아들이지만
정말 너무해!

초판 1쇄 인쇄 2018년 5월 31일
초판 1쇄 발행 2018년 6월 8일

지은이 란성지에
옮긴이 남은숙
펴낸이 정용수

사업총괄 장충상 본부장 홍서진
편집주간 조민호 편집장 유승현
책임편집 진다영 편집 김은혜 이미순 조문채
디자인 김지혜
영업·마케팅 윤석오 이기환 정경민 우지영
제작 김동명
관리 윤지연

펴낸곳 ㈜예문아카이브
출판등록 2016년 8월 8일 제2016-000240호
주소 서울시 마포구 동교로18길 10 2층(서교동 465-4)
문의전화 02-2038-3372 주문전화 031-955-0550 팩스 031-955-0660
이메일 archive.rights@gmail.com 홈페이지 yeamoonsa.com
블로그 blog.naver.com/yeamoonsa3 페이스북 facebook.com/yeamoonsa

한국어판 출판권 ⓒ ㈜예문아카이브, 2018
ISBN 979-11-87749-79-0 03590

내 아들이지만
정말 너무해!